漁業国 日本を知ろう
東北の漁業

監修／坂本一男（おさかな普及センター資料館 館長）　文・写真／吉田忠正

はじめに

　漁業とは何でしょう。船で海へ出て、大きな網でたくさんの魚をとる漁はもちろん、ホタテガイやマダイなどを育てる養殖も、コンブやワカメなどの海そうをとることも、みんな漁業です。
　このシリーズは、北海道から沖縄まで、地域ごとに漁業の現場を直接取材して、さまざまな漁のしかたや養殖の方法、魚が食卓に届くまでを紹介しています。そして、漁や養殖の現場ではたらいている人びとのたくさんの声をのせています。漁業という仕事の喜びややりがい、漁業にかける思い、そして自然を相手にするその苦労などをとおして、漁業の魅力を伝えます。
　巻末には、それぞれの地域でとれる魚についての解説や、地域ごとの漁業のとくちょうがわかるデータものっています。
　この巻では、夜間、大光量の明かりで魚を網の中に誘いこむサンマの棒受け網漁や、箱メガネで海をのぞき長いかぎざおでとるアワビ漁、ワカメやカキの養殖など、東北でおこなわれているさまざまな漁業を紹介します。

漁業国・日本を知ろう 東北の漁業

目次

第1章 大船渡のサンマ漁
- サンマの水揚げがはじまる 4
- 大船渡漁港ってどんな港？ 6
- インタビュー 本州で初の水揚げを達成！ 7
- サンマはどのようにしてとる？ 8
- サンマ漁にでかける準備 10
- いよいよサンマ漁の開始 12
- インタビュー 市場でよい値段がつくとホッとします 13
- インタビュー 漁撈長になれるようがんばりたい 15
- 港でサンマの水揚げ 16
- 箱につめて各地へ発送 20
- インタビュー 新鮮なサンマを少しでも早く皆さんのもとへ 21
- サンマが食卓にとどくまで 24

第2章 東北のいろいろな漁業
- 田老のアワビ漁 26
- インタビュー 口開けの日を決めるのが大変 28
- インタビュー 卒業したら漁師になる 31
- 田老のワカメの養殖 32
- インタビュー すべてを失い、ゼロからの出発でした 33
- 万石浦のカキの養殖 36
- インタビュー 自分でつくったカキが一番 39
- 北浦のハタハタ漁 40
- インタビュー 夜も昼も休みなく漁を続けます 41

- 東北の漁業地図 44
- 解説・東北の魚を知ろう 46

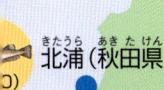
北浦（秋田県）

(P26) (P32)
田老（岩手県）

大船渡（岩手県） (P6)

万石浦（宮城県）
(P36)

第1章 大船渡のサンマ
サンマの水揚げがは

　ここは岩手県の南にある漁港、大船渡港です。北海道の沖でとれたサンマをはこんできて、船から陸にあげる水揚げの作業をしているところです。船倉に入れてきたサンマを、クレーンで引きあげて、港に移しています。朝の6時に市場がひらかれるので、それにあわせてサンマを積んだ船が港にやってきて、サンマを市場におろしているのです。
　港では、箱を積んだトラックが待っていて、そこにサンマを積みこみます。港がいちばん活気づくときです。
　サンマが最盛期の秋に、大船渡港の市場をたずねてみました。

第1章 大船渡のサンマ漁

大船渡港でサンマの水揚げをしているところ。

大船渡漁港ってどんな港？

　大船渡漁港は三陸沖の親潮（寒流）と黒潮（暖流）がぶつかりあうところに位置し、世界でも有数の漁場です。リアス海岸といって海岸がぎざぎざになって複雑に入りくんでいるところにあります。港は6kmも陸に入りこんでいて、波がおだやかな天然の良港となっています。

　大船渡は昔から漁業がさかんで、春はマスやイワシ、夏はマグロやカツオ、スルメイカ、秋はサンマやサケ、サバ、冬はタラやホタテガイなどが港に水揚げされます。

　近年は商港としても発展し、コンテナを積んだ大型の船も出入りしています。

　2011年に東日本大震災がおこり、津波により、大船渡港は大きな被害を受けました。しかし、ほかの港にくらべて復興が早かったことから、2012年のサンマの水揚げ量は本州で一番を記録しました。

●大船渡漁港の位置

▽旧大船渡市場。先に見える建設中の建物が新市場。手前はJRの鉄道が走っていた土手。津波はこれをこえて、おそってきた。

第1章 大船渡のサンマ漁

🔺旧市場の建物。大型のトラックが出入りしている。震災で屋根の一部がこわれた。

🔺朝6時ごろ、岸壁にサンマ船がやってくる。

🔺市場の港では朝早くから作業開始。水揚げされた魚をならべている。

🔺市場にはこばれたサンマ。

🔺建設中の新市場。2014年4月に完成。

本州で初の水揚げを達成！

大船渡魚市場　佐藤光男さん

　2011年3月11日の東日本大震災の津波で、市場の2階の天井まで波がきました。書類などすべて海水につかってしまいました。1階の天井はなくなり、フォークリフトやベルトコンベアなどは使えなくなりました。魚を入れる1トンタンクもほとんど流失してしまいました。

　3月23日になってようやく復旧作業を再開しました。まず、コンピュータを復元しなければなりません。3週間くらいかかりましたが、データが復活したので、ホッとしました。この中には、魚の取引高や金額など、重要なデータが入っていたのです。

　港は80cmほど地盤沈下をしましたが、決壊しなかったので、6月には船が入港できるようになりました。また、秋のサンマの水揚げに間にあうように、8月中に復旧を終え、本州ではシーズン初の水揚げをおこないました。

サンマはどのようにしてとる？

　北の海で大きくなったサンマは、親潮にのって南にくだり産卵します。そこでかえったサンマの赤ちゃん（稚魚）は黒潮にのって北へのぼり、北海道沿岸で大きく育ちます。そして8月ごろ、産卵のため南へくだりはじめ、10月ごろになると、三陸沖にやってきます。その時期をねらってサンマ漁がはじまります。

　サンマ漁はおもに棒受け網漁という漁法でおこないます。幅45mくらいの網を、海中に入れて、集魚灯という照明を使い、光にあつまるサンマの習性を利用して、この網におびきよせて、いっきに引きあげるという漁法です。

　サンマ漁の船には、棒受け網漁に必要な網や照明をつけます。そのほか、まわりの地形やほかの船の位置をとらえたり、サンマの群れを探したりするのに必要なソナーやレーダー、GPSなどの機器をそなえています。

　8月半ばごろ、サンマ漁が解禁されると、北海道や岩手、宮城などからきた船が、北海道沖のロシア海域まで行き漁をします。その後は、北海道の東沖から次第に南下して、三陸沖、千葉県沖あたりまで行き、12月には終了します。

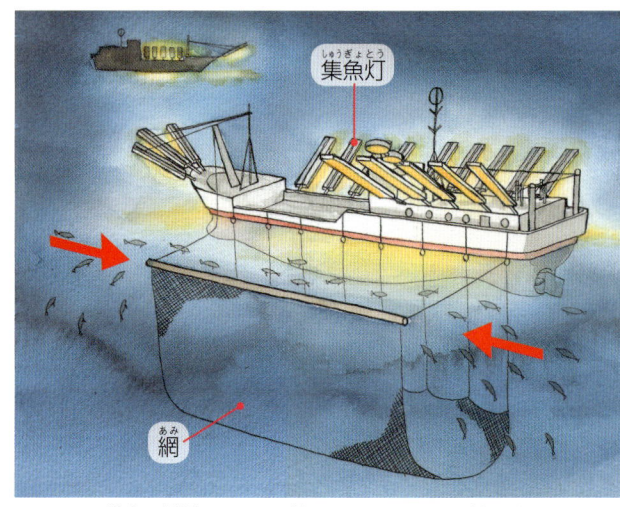

△サンマの棒受け網漁。サンマを網のなかにさそって、網を引きあげる。

△「アッパーブリッジ」という操舵室の中。操舵席のほか、レーダーや集魚灯を点滅させるスイッチがある。

第1章 大船渡のサンマ漁

ものしりノート 《サンマ》

サンマは漢字では「秋刀魚」と書きます。秋の味覚を代表する魚で、細くて刀のようにそりかえっていることから、このように書かれるようになりました。

日本海、北太平洋やオホーツク海の、亜熱帯から亜寒帯水域にかけて広く分布します。春から初夏に北上し、夏に亜寒帯水域の豊富なえさを食べます。秋から南下をはじめ、冬には産卵のため亜熱帯水域に達します。

サンマの寿命は2年といわれています。成長すると体長30〜40cmくらい。海水面から50〜60mの深さを、大きな群れをつくって移動します。

日本人は昔からサンマを好んで食べてきました。秋の気配とともに、あちこちからサンマを焼くにおいがただよってきます。生サンマは塩焼きにして、大根おろしをそえ、カボスなどのしぼり汁としょうゆをかけて食べます。ほかにも、丸干しにしたり、開きにしたり、かんづめにしたものもあります。新鮮なものは刺身にして食べることもあります。

▲GPSなどのアンテナ。

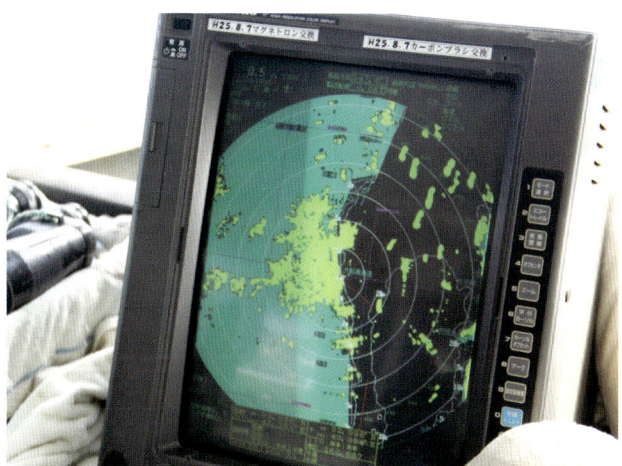
▲レーダー。船のまわりの地形やほかの船の位置をうつしだす。

▲集魚灯を点滅させるスイッチ（左上）、レーダー（右上）、ソナー（左下）、魚群探知機（右下）。

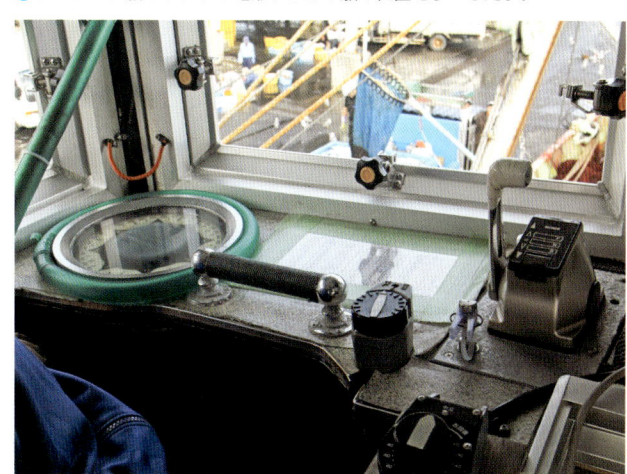
▲船の操舵席。右のレバーで船の進行方向、速力などをコントロールする。

9

 サンマ漁にでかける準備

▲船に網を積みこむ。

▲船にとりつけた棒受け網漁の棒と網。

　サンマ漁がはじまるのは、年によってことなりますが、おおむね8月半ばごろです。そのため7月半ばごろには、漁に出るための準備をはじめます。漁船に棒受け網漁のための棒や網、魚をすいあげるフィッシュポンプなどを積み、集魚灯をとりつけ、エンジンなどの機器のチェックをします。そして準備が整ったら、試運転をしてきちんと作動するか確認します。この作業だけでも2週間以上かかります。さらに出港の直前には、港で水と氷、燃料（重油）、食糧などを積みこみます。

　サンマ漁は夜におこなうので、日が落ちたころ漁場に着くように、港を出発します。大船渡から北海道沖までは1日ないしは2日かかるので、その時間を考えて出発時間を決めます。近くの三陸沖に行くときは、その日の午後に出ることもあります。

　船には漁撈長（船頭）、船長、機関長、甲板員、コック長など、あわせて15～20人くらいの人が乗ります。漁撈長は漁のすべてを仕切る人で、漁場の決定、集魚灯の点滅や網の下ろし上げの指示、水揚げをする港の決定など、すべての指揮をとります。船長は船の運航の責任者で、全員の健康管理もおこないます。機関長はおもに船のエンジンや機械の操作の担当者です。甲板長と甲板員は、漁全体の作業をおこないます。無線をつかって陸上やほかの船と連絡をとりあう通信員もいます。

10

第1章 大船渡のサンマ漁

集魚灯

🔺サンマをあつめる集魚灯をとりつける。

🔻出発の前の試験操業。すべてがきちんと動くかどうかをチェックする。

🔺集魚灯の点灯試験。

🔻漁場にむかう。最初の日に、大漁旗をかかげる。

11

いよいよサンマ漁の開始

❶サーチライトで魚の群れをさがす。

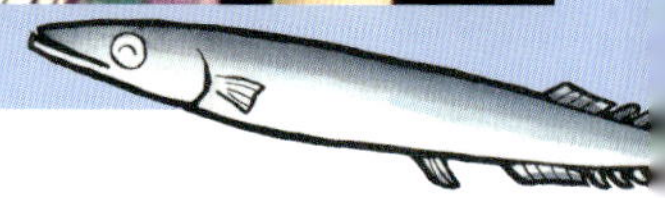

◯集魚灯でサンマをあつめる

　棒受け網漁はほとんど夜の間におこないます。サンマがいそうな漁場に近づいたら、サーチライトでサンマの群れをさがします。サンマの群れにぶつかったら、いっせいに両側の集魚灯をつけてサンマをあつめます。船底から360度に電波をはっするソナーのセンサーをおろして、群れの位置をとらえ、船を近づけます。群れの上に船が着いたら、左側の照明を消します。すると、サンマが右側にあつまってくるので、その間に左側に網をおろします。つづいて右側の照明を後ろから順番に消して、左側の照明を前からつけていくと、サンマは左側の網のほうに移動してきます。照明を点灯し網をおろすタイミングはとても重要で、漁撈長の経験と勘がたよりです。潮の流れによっては、群れがほかへ行ってしまうこともあるためです。

◯網を巻きあげる

　サンマが左側の網に入ったのを見て、左側の照明も消します。最後に赤い大きな集魚灯だけを残しておくと、その光をめざしてサンマは、銀色のうろこをかがやかせ、ジャージャーという音をたてて、上にはねあがってきます。そのときをねらって網を巻きあげます。サンマのはねるようすが海面に見えてきたら、フィッシュポンプでサンマをすいあげ、氷水の入った船倉に送ります。

❷ 左側にサンマがあつまったのを確認したら、左の集魚灯を消す。

❸ 網を海中に入れる。

サンマ棒受け網漁の方法

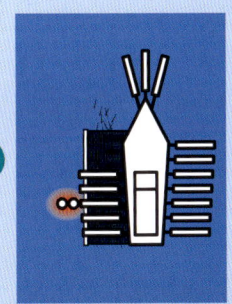

①サンマが集魚灯の光にむかってあつまってくる。
②左側の光を消すと、サンマは右側にあつまる。その間に左側に網をおろす。
③右側の光を消して、左側の光をつけると、サンマは左側にあつまる。
④サンマは左側の網のなかに入る。
⑤赤い集魚灯をひとつ残し、網をしぼって引きあげる。

INTERVIEW

市場でよい値段がつくとホッとします

第二大慶丸漁撈長 **浅野 修さん**

　中学校を出てからすぐに漁師になりました。はじめはサケ・マスの流し網、それからマグロのはえ縄などの漁に出ました。マグロの漁は1航海4～5か月、長いときは8か月にもなります。ハワイやオーストラリア沖まで行きました。

　また、海技士の国家試験を受けて、3級までとりました。これは、500トンクラスのマグロ船の船長になれる資格です。

　サンマ漁をするようになったのは、15年ほど前からです。サンマの大群に出会うと、ひと網で20トン以上とれることもあります。サンマ漁では、船の操作、サンマの群れの探索、まわりの様子のチェック、照明の点滅、網をおろすタイミングをはかるなど、やるべきことがたくさんあって、目が2つではたりないくらいです。

　群れに出会えないときは、ほかの船と連絡をとりながら群れを探します。サンマがとれないときや時化がつづいて漁にでられないときはつらいですし、とれすぎて値段が安くなるのもこまります。やはり、船倉をいっぱいにして港に着いて、市場でよい値段がついたときは、ホッとします。1シーズンに35回ほど漁に出るので、年間でもうけがでることをめざしています。

　サンマ漁が終わると3月ごろまで休みます。それから4月～7月はマグロの漁に行き、そのあとまた8月半ばからサンマ漁に入ります。

❶ サンマの群れが網に入ったのを確認し、網をしぼる。

●船倉がいっぱいになるまで

　甲板員は海に落ちないように気を使いながら、網をおろして引きあげる作業を何回もくりかえし、魚群が見えるかぎり、あるいは船倉がいっぱいになるまで続けます。

　漁には2週間に4〜5回でかけます。一度の航海は4〜5日、近いところだと午後にでかけて翌日の朝にもどってくることもあります。港で水揚げをしたら、すぐにでかけることもあります。

　漁は天候に左右されます。波が高いと船は大きくゆれます。波が4m以上になると漁はできません。風が強い日は、沖で停泊して弱まるのを待ちます。サンマ漁のシーズンがはじまったら、低気圧や台風がこないかぎり、休みなしで漁をおこないます。

❷ 網を引きあげる。

❸ 船のまわりにはたくさんのサンマの群れがいる。このような群れに出会うと、5回から10回、つづけて漁ができる。サンマがはねるときはジャージャーというすごい音がする。「これを聞くと漁師魂に火がつきます」と漁撈長の浅野さん。

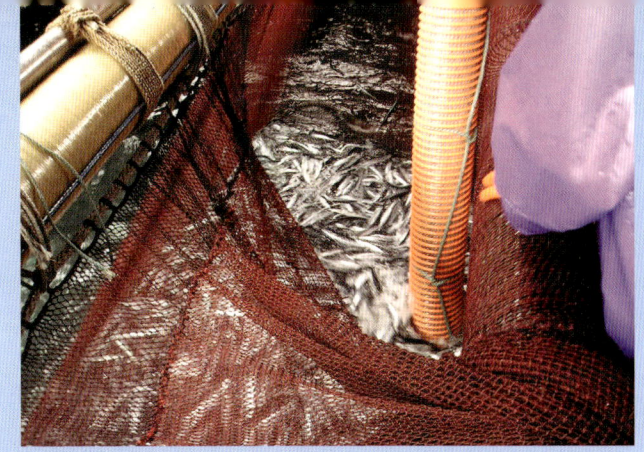

❺ フィッシュポンプで、サンマをすいあげる。

❹ 網の中にフィッシュポンプを入れる。

❻ サンマを船倉に入れる。氷水で鮮度をたもつ。

INTERVIEW

漁撈長になれるようがんばりたい

陸前高田市の漁師　千葉裕之さん

　漁業の仕事をはじめて8年になります。
　東日本大震災の前までは、陸前高田市でカキやワカメの養殖をしていましたが、津波で船や養殖の施設などがすべて流されてしまい、養殖はできなくなってしまいました。
　そんなわけで、2年前からサンマ船に乗っています。船のゆれは全然気になりませんが、漁は秋から冬にむかって、どんどん寒くなるので、それがつらいです。夏は夜が短いので、漁の時間も短いですが、秋が深まるにつれ夜が長くなるので、夕方から夜明けまで休みなく、漁を続けることもあります。また、サンマがとれない時は、何日も群れをさがさなければなりません。
　漁は大変ですが、魚がたくさんとれれば、言葉にならないくらいうれしいです。いろいろ仕事をおぼえて、漁撈長になれるようがんばっていきたいです。

15

港でサンマの水揚げ

●市場の入札で値段が決まる

とれたサンマをどの港に水揚げするかは、漁場への近さ、予想される値段によって決めます。それを決めるのは漁撈長で、無線で情報をえて、水揚げをする港にむかいます。港が遠くても、高く売れそうなら、そちらへむかうこともあります。市場には前日、サンマ船が入ることが知らされているので、朝早くから、サンマを買う仲買人たちがあつまってきます。

市場は、魚をとってきた生産者と、魚を買い

▲サンマを積みこもうと、トラックがあつまってくる。

▲サンマの大きさや鮮度を見る仲買人。

▼仲買人はブルーシートの上にならべられているサンマをみて、大中小の大きさごとの割合を確認して、買い値を決める。

第1章 大船渡のサンマ漁

▲仲買人は値段を書いた紙を提出する。

▲市場のセリ人。入札で一番高い値段を書いた仲買人の名を読みあげる。

とる仲買人の間にたって、魚を選別し、魚ごとに数量をすべてチェックし、入札によって公平に値段を決める役割をはたしています。仲買人からあつめたお金を生産者側に支払うのも、市場の重要な仕事です。

大船渡市場では、朝5時ごろから入札の準備をします。まず、船が積んできたサンマを一部サンプルとしてならべます。仲買人はそれを見て、大きさや鮮度などを吟味して、いくらで買うかを決めます。その値段を用紙に書いて、市場のセリ人に提出すると、市場のセリ人はそれを見て、一番高く値をつけた人に売ることを発表します。これを入札といいます。大船渡の市場ではサンマの値段は入札で決まります。

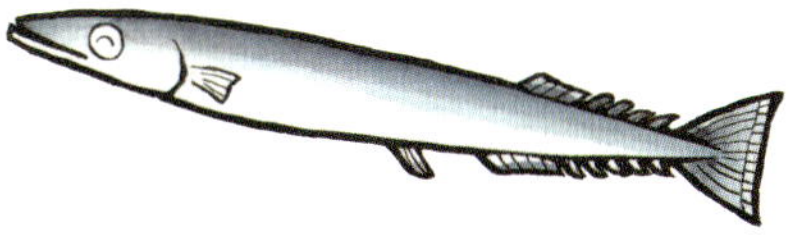

▽入札で買い手が決まったら、サンマを船からトラックに移す。

🔺トラックにサンマを積みこむ。この箱1つには1トンのサンマが入る。これは大口の仲買人の店にはこぶ。

🔵 船倉から陸へ水揚げ

　港の岸壁に横づけされたサンマ船の船倉から、サンマをクレーンで引きあげて、トラックに積みこみます。トラックにはサンマが1トン入る箱が10個積んであり、その箱のに次つぎとサンマを入れていきます。これはトン単位で買う大口の仲買人のためのものです。すべての箱がいっぱいになったら、トラックごとはかりにのせて計量して、仲買人の工場へはこびます。

　また、その隣では、キロ単位で買う小口の仲買人のために50kg入るカゴの中にサンマを入れています。それを市場の中にはこんで、計量が終わったら、トラックに積みこんではこびだします。カゴをのせたフォークリフトがひっきりなしに移動する、市場がいちばんにぎわうときです。

❶「今日のサンマはどうだろうか？」。小口のカゴにわけられる前に、大きさや鮮度を見ている仲買人。

第1章 大船渡のサンマ漁

❷ 小口の仲買人のために約50kg入るカゴにサンマを入れる。

❸ 小口の仲買人が市場にはこぶ。

❹ 市場の職員が重さをはかって記帳する。

ものしりノート 食料などの調達は？

　サンマをおろした船は、水や氷、食料などを補充し、すぐにまた漁にでかけます。船の入港から出港までのわずかなあいだに、陸で乗組員のための食料を用意する人もいます。それは、コンビニエンスストアを営む佐藤謙二さんの仕事で、船が港に着くと、コック長に食料の注文を聞いてまわります。

　米や野菜、くだもの、魚、肉、牛乳などの食料一般のほか、個人的な注文も受けます。それらを、2～3時間でそろえて届けなければなりません。その量は船1隻あたりワゴン車1台分にもなるそうです。

19

箱につめて各地へ発送

●大量のサンマを短時間で梱包

大口の仲買人は、大量のサンマを仕入れます。10トントラック4台分、40トンほどのサンマを数時間のうちに仕分けて、箱づめにする作業をおこないます。

市場から工場へはこばれてきたサンマは、ベルトコンベアにのせてはこび、大きさ別にわけます。まず小さいサンマをとりのぞきます。ある程度以上の大きさのサンマはキャタピラーという台の上にのせ、1尾ずつ重さをはかり、10段階の大きさ別に仕分けます。そして、それぞれの大きさごとに箱づめして、出荷します。

関西方面へは昼ごろの便に、関東方面へは午後3時ごろの便にのせると、翌朝の3時ごろ

▲大口用の仲買人の工場。トン単位で大量のサンマを仕入れる。

❶箱からベルトコンベアにうつす。

❷ベルトコンベアにのせ、上のほうで小さいサンマをとりわける。

に、それぞれの地域の市場につきます。そこでセリにかけられて、各地の仲卸業者の手をへて、小売店へとはこばれていきます。

これらは鮮魚として売られるサンマの場合ですが、冷凍貯蔵しておくサンマもあります。開いてみりん干しにするなど、一年をとおして供給できるようにしています。

❸ ある程度の大きさのサンマは一尾ずつ重さをはかる。

❹ 重さをはかって数を調整する。

❺ 発泡スチロールの箱に氷をつめ、サンマを入れて梱包する。

INTERVIEW
新鮮なサンマを少しでも早く皆さんのもとへ

東和水産株式会社常務取締役（仲買人）　後藤勘二郎さん

朝6時ごろ市場へ行き、7時の入札までに品さだめをして、いくらの値段でどのくらいの量を買うかを決めます。買いつけをしたサンマは、8時くらいに工場に入ってくるので、大きさの選別をして、箱につめて、関西方面なら昼ごろまでに送る段取りをしなければなりません。この作業に50人近い人がたずさわっています。

サンマは鮮度が重要なので、一同、新鮮なサンマが少しでも早く皆さんのもとに届くよう、がんばっています。

サンマは9月から12月がシーズンです。それがおわるとスルメイカ、3月にはイサダ（ツノナシオキアミ）、5月はサクラマス、6月はサバと、一年中、それぞれの季節にとれる魚をあつかっています。

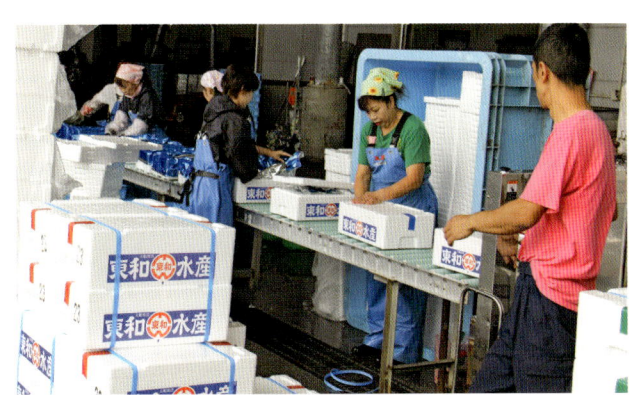

❻ 東京や大阪などの市場へ送る。

●小口の仲買人の店から各地へ発送

　市場でサンマを買った小口の仲買人は、近くにある自分の店にはこび、大きさ別にわけたり、傷がないかをチェックしたりします。大きさ別に大中小にわけたサンマは、大は鮮魚として発泡スチロールの箱につめて、各地の市場や魚屋、消費者のもとに送られます。中は開きやかんづめなどの加工用に、小はハマチやマグロのえさとして使われます。

🔺フォークリフトでトラックに積んで、仲買人の店にはこぶ。

🔺トラックに積みこみ、宅配便などで各地へ送る。

🔺仲買人の店。氷といっしょにサンマを箱につめる。

▲氷をつくる工場。

▲できた氷を保管する冷凍室。

●サンマには大量の氷が必要

　港のまわりには、氷をつくる工場があります。とくにサンマの場合、鮮度が重視されるので、大量の氷が必要です。

　漁にむかう船は船倉に大量の氷をつめていきます。大型船だと40～50トンもの氷を積みます。また消費者や小売店、大都市の市場へ送るときにも、箱の中に氷をいっしょに入れます。

　氷は1m四方の大きさの缶に、水と冷却剤を入れて冷凍室の「プール」とよばれているところにおきます。温度は－10℃、ここに48時間おくと、氷ができます。大船渡にある水産会社には100トンのプールがあり、氷を1日に50トンずつ、毎日つくれるようにしています。多いときは80トンくらい必要なときもありますが、足りない場合は千葉県の銚子からはこんでくることもあるそうです。

▲長さ1m以上もある氷をはこぶ。

▲くだいた氷をトラックに入れる。

23

# サンマが食卓にとどくまで

北海道や東北の沖合でとれたサンマは、港の市場にはこばれます。そこで、市場の職員が生産者（魚をとってきた漁師）と仲買人の間に立って、サンマの値段を決めます。サンマを買った仲買人は自分の店や工場にはこんで、選別し、箱につめて、大都市の市場やスーパーマーケット、魚屋、個人の注文主などにトラックで送ります。こうして、新鮮なサンマは、わたしたちの元にとどけられているのです。

△港には

| サンマの漁 | → | 漁港にはこぶ | → | 市場で入札 | → |

△サンマの棒受け網漁。

△一部見本を水揚げして市場で入札。

第1章 大船渡のサンマ漁

▲買う人が決まったら、そのトラックに水揚げ。

▲トラックに積みこむ。

水揚げ → 仲買人の店で箱づめ → トラックで出荷する → 都会の市場・魚屋・個人のもとへ

▲仲買人の店で箱づめ作業。

▲魚屋にならぶサンマ。

25

岩手県の太平洋岸に面した宮古市には、漁港がたくさんあります。春はワカメやサクラマス、夏はウニやコンブ、秋はサケやサバ、アワビ、冬はイカなど、年間をとおしていろいろな魚介がとれます。なかでも田老地区はアワビの生産量が多いことで知られています。岩手県のアワビの生産量は日本一で、そのなかでも、田老の沿岸で育ったアワビは「身がひきしまって肉厚でおいしい」と評判です。

その理由として、アワビのえさになる天然のワカメやコンブが、豊富にあるからだといわれています。「あわび種苗生産施設」を建て、ここで子どもの貝である稚貝を育てて放流してきたことも大きいです。また田老地区では、アワビをとりすぎないように、いくつか取り決めをつくっています。漁期は11月と12月とし、この2か月の間に4～5回だけおこなうこと、時間は朝6時半（または7時）から10時までと決め

第2章 東北のいろいろ
田老のアワビ漁

ています。とれるアワビの大きさも9cm以上とし、それ以下のものは海にもどしています。

こうした、人びとの努力と自然環境にささえられて、おいしいアワビが育っていましたが、2011年の東日本大震災の津波で、田老地区も大きな被害をうけました。あわび種苗生産施設が壊れ、多くの船を失いました。その年、アワビの収穫量は落ちましたが、その後は、少しずつ回復しています。

🔺田老漁港。

🔺アワビ漁。朝、暗いうちから船を出して、いっせいにアワビとりをはじめる。箱メガネでのぞいて、かぎざおでひっかけてとる。

ものしりノート 《アワビ》

ミミガイ科の巻貝で、殻は楕円形。北海道南部から九州までの海域で、海水面すれすれから水深20mあたりの岩場にすむ。ワカメなどの海藻を食べて成長する。岩手県のアワビの生産量は日本の約20％にのぼる。

🔺あわび種苗生産施設。ここで約1年間、稚貝を育てて海に放す。アワビがとれる大きさになるまでに5年はかかる。写真は再建中のもので、施設は2014年2月に完成。

待ちに待ったアワビの口開け

アワビの漁の開始日を「口開け」といいます。口開けの日は、漁業協同組合の担当者が天気予報や波の高さなどを見て決めます。そして前日の昼ごろ、「明日はアワビの口開けをします」と放送で知らせます。事故がなく、安心して漁ができるように、雨の日や波が1m以上ある日はさけます。漁に適した日は2か月の間に、数日しかないそうです。

口開けの知らせを聞くと、ほかの漁をしている人たちも、予定を変更してアワビ漁の準備にとりかかります。港にアワビ漁をする小型の船をはこび、エンジンや舵をとりつけ、水中をのぞく箱メガネやかぎざおなどを用意します。

かぎですばやくひっかけてとる

口開けの日は朝の6時ごろ、船を出します。まだあたりは真っ暗です。漁をするのは港の近くで、船で20分くらいのところです。日頃から目をつけていた場所に行き、箱メガネを海の中にいれてのぞきながら探します。アワビは海藻がついた岩の上や、コンブの根元あたりにいま

口開けの日を決めるのが大変

田老町漁業協同組合　副組合長
畠山康男さん

口開けの日を決める担当の役員は4人いて、天気予報などを見ながら、協議して決めます。気象庁が出す気象海象週間予報をもとに、波の高さが1m以内におさまる日を見当づけてから、水の透明度、風向きなどを実際にたしかめて、明日はいけそうだと決めたら、前日に区域内の放送で組合員に知らせます。

また、当日の朝2時に起きて、海に出て、波が1m以内におさまっているかを確認し、もし高いようだったら、4時半までに中止の放送をします。みなさんの命にかかわることなので、慎重に判断しなければなりません。天気予報どおりにいかないこともあるので、本当に大変です。

▲アワビ漁のための小型の船を港にはこぶ。

▲アワビをとる鉄のかぎがついたさお。さおの長さは3m。これを数本用意し、深いときは、つないで使う。

▲箱メガネ。木でつくった箱の底にガラスをつけたもの。これをのぞくと、海水がすんでいれば、6〜9m下まで見える。

す。これを見つけたら、さおの先のかぎですばやくひっかけて、引きあげます。そのタイミングをあやまると、アワビがしっかりと岩にしがみついてしまいます。

このようにして3時間半、休みなく探し、とりつづけます。容器いっぱいとる人もいれば、半分以下の人もいます。経験と勘、それに運動神経がものをいうそうです。田老地区でのアワビの売り上げは地域の水産業のなかでも高く、重要な漁のひとつとなっています。

❶朝、6時ごろに出発。アワビのいそうなところに船をすすめる。

❷箱メガネで、海の底をのぞく。

❸アワビを見つけたら、さおを入れて、先についているかぎで、すばやくひっかける。

❹さおをいっきに引きあげる。

●アワビを選別して出荷

　10時の「終了」の知らせとともに、みな漁をやめて港にもどってきます。船着場ではみんなで船を引きあげ、とってきたアワビを選別します。大きさが9cm以下のものや傷がついたものをとりのぞくのです。これらの作業を、港で待っていた漁師の家族が手伝います。

　選別が終わると、市場にもっていきます。ここで漁業協同組合の職員が、やせているアワビ（「ヤセ」という）と、太っているアワビとにわけます。それぞれの重さをはかって、仲買人にわたします。アワビは11月期と12月期の2回、漁がはじまる前に、入札をおこない、一番高い値段をつけた仲買人が買いうけます。

　2013年の11月期は活アワビ（生きたままのアワビ）の仲買人が、12月期は乾しアワビの仲買人が買いうけました。活アワビは日本国中にわたり、乾しアワビのほとんどは中国に輸出されます。乾しアワビというのは、殻から身をはがして、一度煮てから、乾燥させた高級食材で、おもに中華料理に使われます。

△港にもどってくる船を、みんなで陸に引きあげる。

△とれたばかりのアワビ。
▽大きさをチェック。9cm以下のものや、傷がついたものをのぞく。

第2章 東北のいろいろな漁業

△「こんなのがとれたよ」。子どもたちも港に出て手伝う。

△市場で「ヤセ」と「太っているもの」とにわける。

▽それぞれの重さをはかって記帳し、仲買人にわたす。

卒業したら漁師になる
宮古水産高校　田川尚樹さん

　漁は3歳のころ、父につれられて海でタコの「口開け」に行ったのがはじめです。それ以来、いろいろな漁につれていってもらい、そのたびに漁の魅力にとりつかれていきました。漁師のみなさんに教えてもらいながら、アワビやウニ、タコなど、自分でもとれるようになりました。アワビをとるコツは、箱メガネでのぞいて、見つけたらすばやくとることです。もっとたくさんとれるようになりたいですね。
　高校を卒業したら、漁師になってワカメやコンブの養殖、サケの定置網、タコのかご漁などやってみたいと思います。

# 田老のワカメの養殖

ワカメの収穫

　岩手県や宮城県は三陸ワカメの産地として知られています。なかでも宮古市田老地区でとれるワカメは、「真崎わかめ」として市場にでまわっています。ここのワカメは、岬の先の潮の流れが速いところで育っているので、しっかりしていて、味のよいワカメができるのです。

　ワカメの収穫は3月半ばから4月半ばにかけておこなわれます。沖のワカメの養殖施設があるところまで、船で10分くらい。そこには長さ約200mのロープ（養成綱）がはってあり、途中にブイをおいてロープを浮かせています。

　船をロープのはしに止めて、いよいよワカメの収穫です。ロープの下には長さ2〜3mものワカメが下がっていて、まずこのロープを機械で引きあげます。そして、ロープにびっしりとくっついているワカメの根元を左手でかかえ、右手にもった鎌で切ります。切りとったワカメを引きあげて船のへりにかけ、それをたばねて、船の中に引きあげていきます。

　ワカメはロープ1mあたり15kg以上の重さがあるので、この作業はかなり大変です。さらに夜中の作業が多いので、まわりが暗くて潮の流れがつかめません。大きなうねりがくると、船がかたむいて、海に落ちることもあります。また、3月とはいえ、海上は一段と冷えこみます。

△ワカメの養殖施設がある海。ロープの途中にブイを浮かべている。

△ロープにくっついて根をはり、下へのびていったワカメ。

△ワカメの収穫。左手でワカメをかかえて、右手で刈りとる。

第2章 東北のいろいろな漁業

船がワカメでいっぱいになったら港へ帰り、ワカメを岸壁におろしたら、次の収穫にむかい、これを1日に3回くらいくりかえします。

ワカメの養殖施設

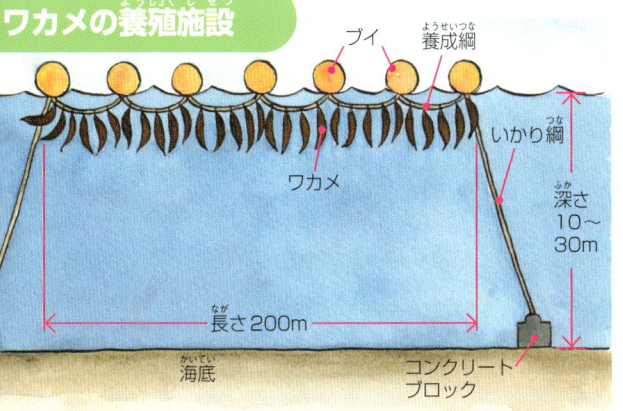

▼収穫したワカメは船べりにかけ、船の中に引きあげる。

 ものしりノート

《ワカメ》

全長1～2mになる海藻。日本各地の暖流の影響がある沿岸で、水深0～10mの岩の上に生育する。暖かい海のワカメは茎が短く葉の切れこみが少ないが、冷たい海のものは、茎が長く葉の切れこみが深い。

 INTERVIEW

すべてを失い、ゼロからの出発でした

漁師　鳥居 保さん

　1年を通して季節ごとに、養殖ワカメ、コンブ、ウニ、天然ワカメ、サケ、アワビなどの漁をしています。
　東日本大震災のときの津波で、ワカメの養殖施設はすっかり流されてしまいました。そればかりか、船も家もすべて失い、まさにゼロからの出発でした。当面、叔父から船を借り、夏にはワカメの種つけをしました。
　ワカメの養殖は、いい芽が出るかどうかですべてが決まってしまいます。そのときの水温や海中の栄養分によって決まるといわれるため、その管理に、毎年、試行錯誤しています。経験をかさねても、そのとおりにいかないことばかり。ワカメをつるす深さも関係します。少し深めにするか浅めにするか、熟練した人はピタっときめるのでしょうが、自分はいくつかやってみて、いい芽が出るのを見て、それにあわせるようにしています。
　ここのワカメは最高においしいです。もっと品質のよいワカメをつくって、安定した価格で売れるようにしていきたいです。

33

●港の岸壁で仕立て作業

港に着いたら、沖で収穫したワカメを、クレーンで岸に引きあげます。ここでは家族や親せきの人たちが待っていて、ワカメを一束ごと広げて、根元の部分を30cmくらい切り、頭のはしの部分も切ります。また、めかぶを切りわけて、ふぞろいの葉をとりのぞいて形を整えます。これをワカメの仕立て作業といいます。仕立てられたワカメは、トラックにのせ港に面した近くの加工場へはこびます。

●ゆでて塩をまぶして保存

加工場にはこばれたワカメは、重さをはかってから、釜にいれて40秒ほど湯にとおします。黒褐色をしていたワカメは、湯にとおすときれいな緑色になります。これを海水に入れて冷やし、水をきって、塩もみをします。つぎにタンクに入れて漬けこみ、別の容器に移して脱水し、木箱につめて冷蔵庫や冷凍庫で保管します。これを需要におうじてとりだし、別の工場で1本ずつ葉と茎にわけて、表面についた塩を落とします。

このようにめかぶの採取から、加工まですべてをおこなうことで高品質で均一なワカメができあがります。

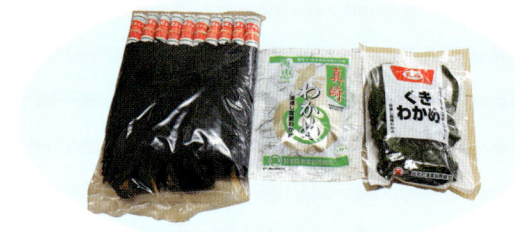
△品質や色味、塩のつき具合によって選別し、袋につめて、出荷。

❶陸での仕立て作業。ワカメの根元の部分とはしの部分を切りとる。

❸釜におくってゆでる。95℃前後のお湯に40秒ほどひたす。

❷加工場へ。重さをはかる。

❹海水を流してワカメを冷ます。

ワカメが大きくなるまで

▲ 4～6月ごろ、磯からとってきた天然ワカメのめかぶ。

▲ 水温が14℃をこえる8月ころ、一昼夜干して、翌日、海水の中に入れておくと、めかぶは遊走子という種を放出する。その海水の中に、種糸という細いロープを入れると、遊走子が種糸にくっつく。これを、沖にある養成綱にさげておく。

▲ 10月下旬～11月中旬。芽が出て1～2cmくらいになったら、種がついた種糸を、養成綱に巻きつけ、水深1～2mあたりにつるす。

▲ 12月～1月、大きいワカメを均一に成長させるため小さいワカメをとりのぞく（間引き）。養成綱1mにつきワカメ140本くらいの密度にする。3月中ごろに全長180cm以上になると収穫をはじめる。

❺ 円筒型のミキサーの中に入れて塩をまぶす。

❻ 茎の部分と葉の部分をわける。

万石浦のカキの養殖

▲カキの収穫。カキをつるした垂下連というロープを引きあげ、用意したかごの中にカキを入れる。

●カキの成長に適したところ

　宮城県は広島県とともにカキの有数の生産地です。おもな産地は北部の気仙沼地区、県央の牡鹿半島や石巻地区、南部の松島地区の大きく3つにわけられます。なかでも万石浦のある石巻市は宮城県のカキ生産量の約40%をしめています。ここは旧北上川の河口にあたり、上流にカキのえさになるプランクトンが育つ栄養豊かな川があるのです。さらに湾がおだやかで、潮の流れや水温がカキの成長に適しています。ここではカキの養殖だけでなく、稚貝を日本各地に送っています。以前は外国に輸出していたこともあります。

●カキの漁はどのようにする？

　河口から船で10分ほど行った沖に、カキを育てるいかだ（養殖棚）が浮かんでいます。カキの収穫時期（10月〜3月）になると、漁師たちはここで大きくなったカキをとりにいきます。
　いかだは長さ60mくらいのロープを2本わたし、その間にプラスチック製のブイをおき、ロープを浮かべています。このロープからは垂

第2章 東北のいろいろな漁業

カキの養殖棚

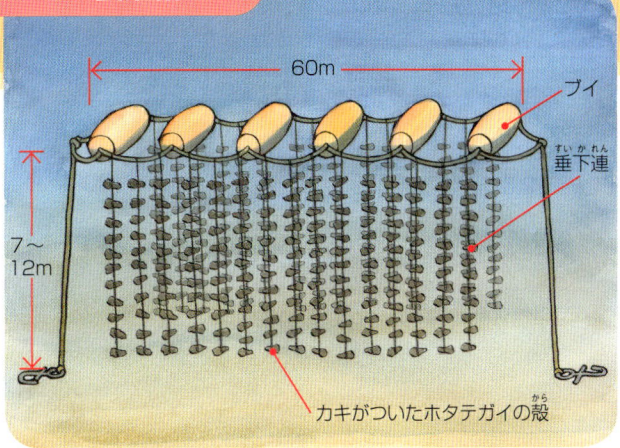

カキは6～8月ごろに卵を産む。ホタテガイの殻にカキの卵を付着させる。この卵がふ化して成長したものが種ガキとなる。翌年の3～5月、この殻を1枚ずつロープにとりつけて仮に養殖をしておく。7月に沖に設置した養殖棚にうつす。

▲カキの養殖棚に船をよせる。養殖棚はブイとロープでいかだをつくり、その下にカキをつりさげている。

ものしりノート 《カキ》

イタボガキ科の二枚貝。日本のほぼ全域に見られる。なかでもマガキがよく知られている。海中の岩や杭などにくっついて成長する。収穫時期は9月末から翌年3月末まで。出荷のピークは11～12月だが、旬は1～2月で、大きく育ち、甘みも栄養も増して、おいしくなる。

下連という長さ7～12mのロープをさげています。垂下連には大きく育ったカキがたくさんついています。これをカキといっしょに巻きあげ機で引きあげます。沖は風が強く、波が高い日もあります。そんな日は船も大きくゆれます。冬場の作業が多いので、風がつめたく、手はこおりつきそうです。

こうした作業を1時間半くらいつづけると、20個くらい用意したカキを入れるかごがいっぱいになります。

●カキの殻むき

　万石浦にはカキの処理工場があります。沖の養殖棚からとってきたカキの殻をむく作業をするところで、カキ生産の基地となっています。ここでは、水揚げしたカキを、夜の間滅菌した海水につけておき、雑菌をはきださせてから、朝の6時半から12時半まで、カキの殻をむく作業をします。カキの貝柱の位置を見当づけて、ナイフを入れて、殻を開き、あっという間にカキをとりだします。

　殻をむいたカキは、きれいな水で洗い、小さい殻などをとりのぞいたあと、箱につめて出荷します。出荷のトラックが12時半にくるので、それまでに箱づめを終えなければなりません。

△万石浦鮮かき工場。津波によって破壊されたが、2013年9月に再建した。ここでは50以上の家族が働いている。

❶カキの水揚げ。収穫してきたカキを岸にあげる。

●毎週、きびしい検査を

　箱づめされたカキは宮城県漁業協同組合の石巻総合支所にあつめられます。ここには、県の北部地域や県央の処理工場で箱づめされたカキもあつまってきます。午後3時半から4時ごろにかけ、仲買人が来て品定めをして、値段をつけます。ここでは、一番高い値段をつけた人が買うことができる入札という方式をとっています。仲買人はここで買ったカキを、自分の店や工場にはこび、そこで袋づめをして、消費地の市場や小売店などに送ります。

　宮城県のカキは生食用を基本としているので、検査がきびしく、大腸菌、放射能、ノロウイルス、貝毒など、7項目の検査を毎週1回おこなっています。さらに仲買人も独自におこなっているので、二重に検査をして安全を徹底しています。

❷カキの殻をむく作業。1人で1日に3000～4000個むくという。

❺宮城県漁業協同組合の石巻総合支所にあつめられたカキ。震災前までは1日に2300〜2400箱きたが、今は900箱前後だという。

❸水であらって、小さい殻をとりのぞく。

❹10kgずつ箱づめする。

INTERVIEW 自分でつくったカキが一番

宮城県漁業協同組合本所かき部会部会長
高橋文生さん

　2011年3月11日の東日本大地震による津波は、このあたりでは高さ3〜4mに達しました。カキ処理工場は全壊。多くの船が流され、カキのいかだも全部流されました。自分の船も家も流されました。この仕事をやめようかと思っていたら、仲間が「いっしょにがんばってくれ」と声をかけてくれたので、またはじめる気になりました。船を借りて、いかだを設置して、何とか今のようにやれるようになりました。

　この万石浦のカキ生産量は、震災があった2011年は前年の30％、2012年は50％ほどでしたが、2013年は震災前の90％にまで回復しています。復興が早かった理由は、3つあった処理工場の1つが残っていたこと、種ガキがあったことなどです。しかし、宮城県全体の生産量は、まだ震災前の30％くらいではないでしょうか。

　カキ養殖の仕事は自分の考えで、自分のペースでできるところがいいです。手をかければよいカキがとれます。海が好きですし、仕事を通していろいろな仲間ができるのが、いいところです。心をこめてつくっているので、自分でつくったカキが一番うまいと思っています。

北浦のハタハタ漁

△水揚げされたハタハタを、オス・メス別、大きさ別に選別する。

●ハタハタの漁期はいつ？

　ハタハタは秋田県を代表する魚です。漁期は毎年11月末から12月中旬ころの3週間くらいの間で、冬の寒いときです。海が荒れて、雪がふる時期でもあります。このころ、暴風雨などの時化がさったあと、海水がかきまぜられて、水温が12℃くらいにさがると、それにのってハタハタが沿岸の藻が生えているところに産卵するため、群れをなしてやってくるのです。
　北浦漁港は、秋田県のなかでもハタハタの漁獲量が一番多いところです。米代川の栄養分が湾内にながれて、ハタハタの稚魚のえさが豊富であること、沿岸には卵を産みつける場所（藻場）があること、稚魚が成育しやすい砂場があることなどが、その理由としてあげられています。

●ハタハタを絶やさないために

　1970年ころまでは、ハタハタは毎年1万トン以上とれたのですが、70年代後半から漁獲量が減り、1991年には71トンにまで減ってしまいました。そこで秋田県では、1992年から3年間禁漁にして、資源の回復につとめました。その結果、ハタハタは少しずつ増え、現在は2000〜3000トンにまでなりました。

第2章 東北のいろいろな漁業

秋田県の男鹿半島の北側にある北浦漁港。ハタハタの水揚げ量は日本一。

その後も漁師たちは、漁獲量を推定資源量の40％と決めています。また北浦では、藻に産みつけられた卵が、ふ化する前に藻からはなれて岸辺にうちあげられてしまうことが増えてきたため、漁業協同組合ではそうした卵を回収して、ふ化させて、放流をしています。

ものしりノート 《ハタハタ》

ハタハタのメス（下）とオス（上）。おなかがふくらんでいるのがメスで、900～2600粒くらいの卵を産む。雷のあと群れをなしてやってくるといわれるため、「鱩」と書く。また、漁師に多くの売り上げをもたらしてくれるので魚の神「鰰」とも。秋田や山形のほか、山陰地方でもとれる。

INTERVIEW 夜も昼も休みなく漁を続けます

漁師　湊 喜市さん

1960年ごろから50年以上、ずっと北浦で漁師をしています。年間をとおして、2月〜6月ごろにカレイ、6月〜10月ごろにアマダイ、11月末から12月にハタハタ漁をおこなっています。ハタハタの漁期は20日あまりの短い期間ですが、大きな売り上げになるので、北浦の漁師にとって、この漁はとても重要です。

漁に出るときは、波の高さを見て、みんなで相談して決めます。4m以上だと出ませんが、3mくらいなら出ます。雨や雪でも、波が高くなければでかけます。今日はこのあたりに、このような群れがくるだろうと見当をつけて、その位置に網をしかけるようにしています。長年やってきた経験と勘がものをいいます。それでも、隣の船がたくさんあげているのに、こちらはさっぱりということもあります。

ハタハタの群れがくると、夜も昼も休みなく漁をつづけます。船の倉庫がいっぱいになったら、陸におろして、仕分けをし、またすぐに漁にでかけていくという工程をつづけます。冬の夜のこおりつくような寒さのなかでの体力仕事です。つづけて2昼夜くらいが限度ですね。それでも、群れがきたときにとっておかないと、次にいつくるかわからないので、漁師たちはいそがしくたちまわります。とった量にみあった収入があるので、はげみになります。

1960年ごろのハタハタ漁のようす。

41

● ハタハタはどのようにしてとる？

ハタハタ漁をするところは、北浦漁港の岸壁から300～500mほどはなれたところで、ハタハタの群れが通ると予測される場所に、長さ24mほどの定置網をしかけておきます。そこへ5人くらいの漁師が乗った船をよせていきます。

網のなかにハタハタが入っていたら、全員で網を引きあげて、網の底からタモ網でハタハタをすくいあげて、船倉に入れます。それを何回もくりかえします。量が多いときは30分もすれば、船倉のなかはいっぱいになります。その後、船は岸壁にむかってもどります。

❶ 定置網は水深5～6mのところにしかけている。それをドラムに巻いて引きあげる。

❸ 船倉のハタハタを陸に水揚げする。

❷ 網の底にあつまったハタハタを、タモ網ですくいあげる。大きい波がよせてくることもある。夜中の作業が多いので、足もとが見えにくいこともあり、作業は慎重に進められる。

第2章 東北のいろいろな漁業

🟢 岸壁で仕分け作業

　岸壁には、オス・メス、大きさごとに仕分けする場所がつくってあります。船が岸壁に着くと、船倉からハタハタを引きあげ、台の上にはこび、5、6人くらいで、選別の作業にとりかかります。メスは卵をもっているので、おなかがふくらんでいます。オスとメスは別の場所にわけておき、4kgずつ重さをはかり、氷といっしょに箱にいれて梱包します。

❹ オス・メス別、大きさ別に選別する。

🟢 市場で入札

　梱包されたハタハタは、市場にはこばれます。市場では、ハタハタの漁期には1日4回、午前10時、午後4時、午後10時、午前0時に入札をおこないます。その前に仲買人がきて、箱をあけて、魚の状態を見て、いくらで買うかを決めます。
　仲買人が買ったハタハタは、主に秋田県内のスーパーマーケットや鮮魚店にはこばれます。

❺ 計量して、4kgごとに箱につめる。

❻ 箱づめしたハタハタを市場にはこぶ。

ハタハタの定置網漁

ふくろ網

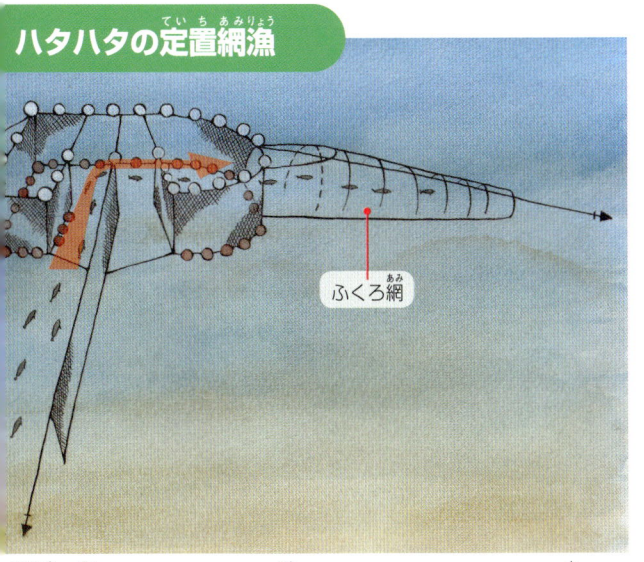

海中に網をはっておいて、沖からやってきたハタハタの群れを誘導し、先端のふくろ網においこむ。この網の底からハタハタをすくいあげる。

❼ 1日4回ある入札。仲買人が値段を書いた紙を提出する。一番高い値段をつけた人が買うことができる。

43

東北の漁業地図

○世界有数の漁場をもつ三陸海岸

太平洋側の青森県から福島県にいたる沖合は、暖流の黒潮が北上し、寒流の親潮が南下するところで、それぞれの海流にのって多くの魚があつまる、世界でも有数の漁場となっています。初夏にはカツオが北上し、秋に南下する通り道です。秋には脂がのったサンマも南下し、そのあとにサケがやってきます。そのほかにイワシやマグロ、ブリ、サバ、イカなどが回遊しています。

青森県の八戸から宮城県の牡鹿半島にいたる海岸は、リアス海岸とよばれる入りくんだ海岸となっていて、三陸海岸とよばれています。この海岸沿いには、久慈、宮古、大船渡、気仙沼、石巻などの大きな漁業基地がならび、そのほかにもたくさんの漁港があります。

○岩手県のアワビと宮城県のカキ

岩手県は本州でサケが一番とれるところです。毎年、数億単位の稚魚を放流し、資源の確保につとめてきました。冷たい海ではワカメやコンブがよく育つので、岩手県は宮城県とともにワカメの養殖がさかんです。ここでとれるワカメは、「三陸ワカメ」として知られ、両県をあわせると、全国の生産量の約70％に達します。また、岩手県はアワビの生産で全国1位、ウニは第2位です。大船渡の吉浜では江戸時代から乾したアワビを中国へ輸出しており、「吉浜あわび」として知られています。さらに三陸でとれるナマコも乾したものを中国に輸出しています。宮古から牡鹿半島にいたる海岸では、ホヤの養殖がさかんです。

宮城県の気仙沼はマグロやカジキの水揚げが多く、サメ類の水揚げは日本一です。サメのヒレ（ふかひれ）は中華料理で使われます。松島湾ではカキやワカメ、ノリ、コンブ、ホヤなどの養殖がさかんです。仙台の名産、笹かまぼこは、近海でとれるヒラメやキチジなどの白身魚を原料にしています。四季おりおりにとれる魚をつかうので、季節によってちがう味のかまぼこを楽しめます。宮城県は広島県とならんでカキの有数な産地でもあります。

大船渡のサケ。

石巻のカキ。

東北地方の主な漁港と県別漁業生産額

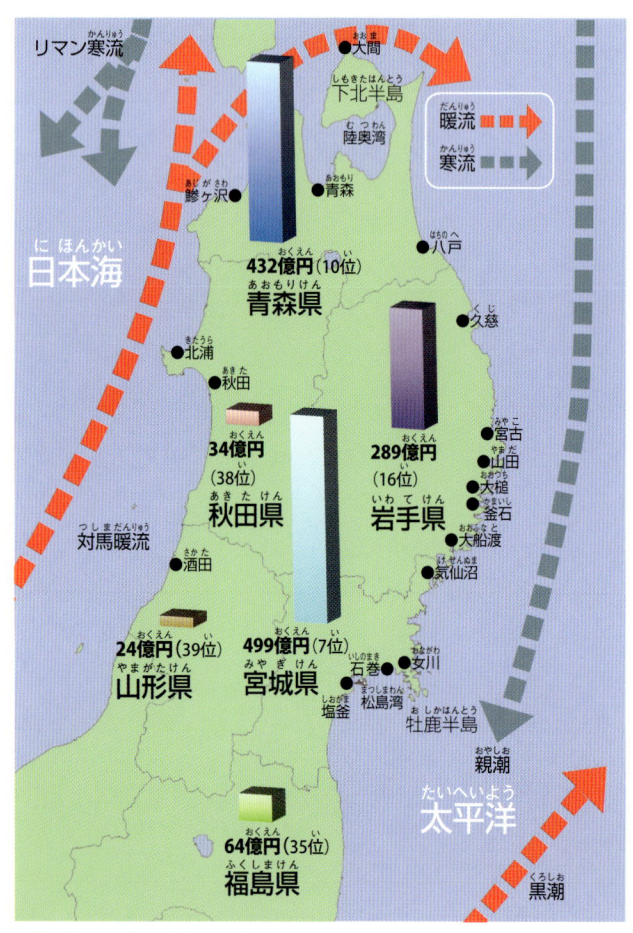

- 青森県 432億円 (10位)
- 秋田県 34億円 (38位)
- 岩手県 289億円 (16位)
- 山形県 24億円 (39位)
- 宮城県 499億円 (7位)
- 福島県 64億円 (35位)

金額は2012年度の海面漁業・養殖業の生産額

種別漁獲量 （「農林水産省／平成24年漁業・養殖業生産統計年報」より）

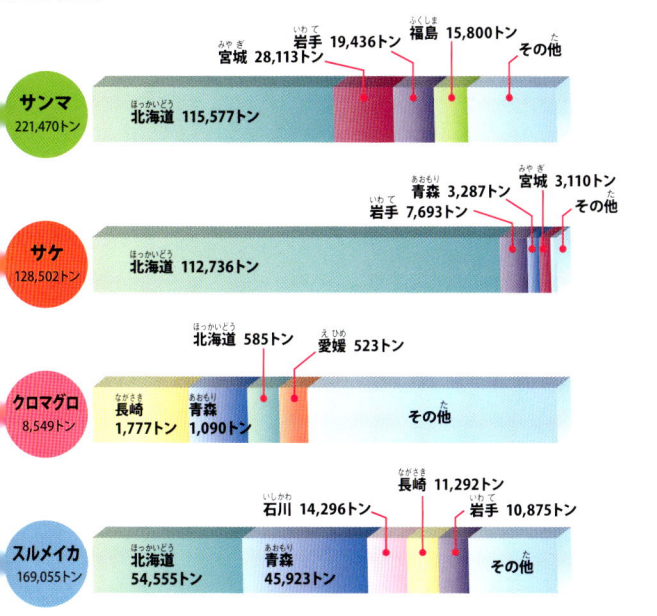

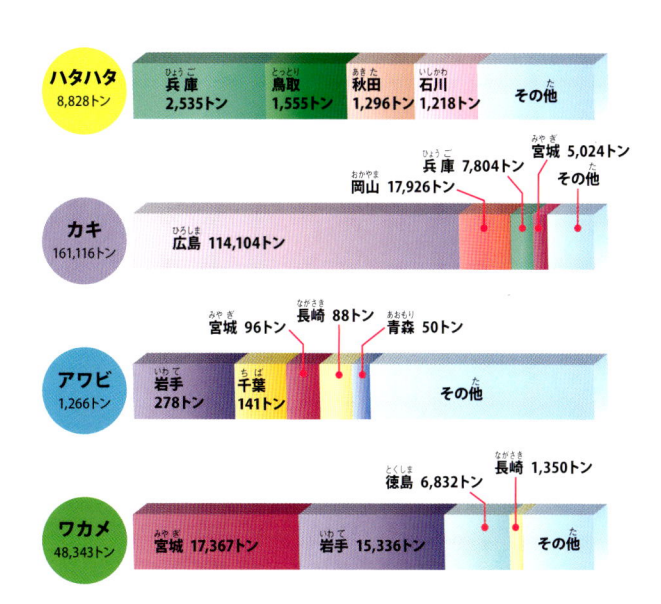

サンマ 221,470トン
- 北海道 115,577トン
- 宮城 28,113トン
- 岩手 19,436トン
- 福島 15,800トン
- その他

サケ 128,502トン
- 北海道 112,736トン
- 岩手 7,693トン
- 青森 3,287トン
- 宮城 3,110トン
- その他

クロマグロ 8,549トン
- 北海道 585トン
- 愛媛 523トン
- 長崎 1,777トン
- 青森 1,090トン
- その他

スルメイカ 169,055トン
- 北海道 54,555トン
- 青森 45,923トン
- 石川 14,296トン
- 長崎 11,292トン
- 岩手 10,875トン
- その他

ハタハタ 8,828トン
- 兵庫 2,535トン
- 鳥取 1,555トン
- 秋田 1,296トン
- 石川 1,218トン
- その他

カキ 161,116トン
- 広島 114,104トン
- 岡山 17,926トン
- 兵庫 7,804トン
- 宮城 5,024トン
- その他

アワビ 1,266トン
- 宮城 96トン
- 長崎 88トン
- 青森 50トン
- 岩手 278トン
- 千葉 141トン
- その他

ワカメ 48,343トン
- 宮城 17,367トン
- 岩手 15,336トン
- 徳島 6,832トン
- 長崎 1,350トン
- その他

○津軽海峡と陸奥湾の漁

青森県の北にある日本海と太平洋をむすぶ津軽海峡は、対馬暖流と寒流の親潮が流れるところで、とくに下北半島沿岸は豊かな漁場となっています。アワビやウニ、コンブ、ヒラメ、タコ、タラなどがとれます。八戸はスルメイカ、サバ、イワシなどの水揚げ量が、全国トップクラスです。大間ではクロマグロの一本釣りがおこなわれており、「大間のマグロ」として高値で取り引きされています。

また、陸奥湾は海がおだやかで、ホタテガイの養殖がさかんにおこなわれています。

大間のマグロ。

○日本海側の秋田・山形の漁業

日本海側の秋田県や山形県は、沖合を対馬暖流が北上し、リマン寒流が南下しているため、両方の海流にのってくる魚がとれるので、魚種が豊富です。しかし、海岸線の多くは砂浜で漁業に適した港が少ないので、漁業はあまりさかんではありません。山形県では県魚となっているサクラマスや、カレイ、タラ、スルメイカ、サケ、マスなどがとれます。また秋田県沖では秋田県民の食生活に欠かせないハタハタのほか、カニやタラなどがとれます。

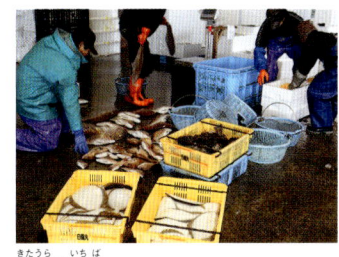

北浦の市場。

○東日本大震災の被害と復興

豊かな漁場をひかえた三陸海岸から福島県にいたる太平洋岸に立地していたほとんどの漁港は、2011年3月11日の東日本大震災と津波により、壊滅的な打撃をうけました。船は流され、漁業施設の多くが破壊されました。

しかし、津波のあとも海はかわらず豊かなめぐみをあたえてくれます。漁師たちはなんとか船を調達し、その年の秋にはサンマ漁やサケ漁にでかけました。港の設備や養殖施設の復旧なども、少しずつではありますが進んでいます。震災以前の状態に復旧できるよう、漁業関係者はがんばっています。いっぽう、漁業をやめた人も少なからずいて、深刻な問題となっています。東北の漁業をになう人の参加がのぞまれます。

解説　東北の魚を知ろう

坂本一男
（おさかな普及センター資料館　館長）

1. サンマの背はなぜ青いのでしょう

「サンマは背側が青くて腹側が銀白色なのはなぜか」ということを考えたことはありますか。実は、この体色は自分の存在をかくして捕食者の目を逃れるためなのです。

サンマは海の食物連鎖のなかで、動物プランクトンを食べ、自らはほかの魚類や哺乳類、鳥類などに食べられるという関係にあります。とはいえサンマもただ食べられているわけではありません。たとえば、上空からおそう海鳥からみると、背側の青色は海の色と溶けあって見えにくくなります。つまり、サンマの背側の青色は海面では保護色になっているのです。

さらに、背側の青色と腹側の銀白色という体色は、横からサンマを見ることになるサバ類などの捕食者に対する対策と考えられています。背面の青色は、上からあたる光によって、ずっと薄い色になり、腹側は背面の影が落ちることによって、かなり暗くなります。その結果、サンマの体は全体として一様な明るさとなり、海水を通して横から見ると、見えにくくなります。もしサンマの体色が背も腹も一様であったら、背側は光に照らされて実際より明るく見え、腹側は背から落ちた影によってずっと暗くなり、かえって目立つでしょう。つまり、この体色は自分の影によって目立つことをふせぎ、自分の存在をかくすためでもあったのです。

サンマだけでなく、イワシ類やサバ類、アジ類など、海面近くを泳ぐ魚には、背側が青色で腹側が銀白色のものが多いのはこのような理由によると考えられています。

2. 日本のアワビ

岩手県など三陸地方でとれるアワビは、エゾアワビというアワビです。アワビは日本各地でとれますが、日本でアワビとよばれているものは次の4種です。

クロアワビ（茨城県以南の太平洋沿岸、日本海全域から九州に分布）、エゾアワビ（北海道南部から本州東北地方沿岸）、マダカアワビ（房総半島以南の太平洋側、日本海西部の沿岸から九州）、そしてメガイアワビ（銚子以南の太平洋沿岸と男鹿半島以南の日本海沿岸、九州）です。マダカアワビの漁獲量は少なく、暖かい海のアワビはメガイアワビとクロアワビです。アワビの漁獲量の4割以上はエゾアワビです。

クロアワビとエゾアワビはよく似ていますが、殻の表面のしわの強弱で区別できます。クロアワビは殻の表面のしわは弱いですが、エゾアワビは強くなっています。このように、クロアワビとエゾアワ

サンマ

クロアワビ 　　　エゾアワビ

ビは区別できますが、実は完全に独立した種ではありません。エゾアワビを暖かい海へ移すとクロアワビ型になります。これは環境によって殻の形が変わってしまうからです。ちがいは殻の形だけで、筋肉の状態では区別できません。エゾアワビのエゾは蝦夷から、クロアワビのクロは足の裏側のたいらなところが黒いことに由来しています。

マダカアワビは殻の背が高いから「目高」、メガイアワビは、昔はクロアワビが雄で、メガイアワビが雌だと考えられており、「雌貝」という名前だけが残りました。もちろん、実際にはそれぞれ雄と雌がある別の種です。

3. 秋田のハタハタ、鳥取のハタハタ

「秋田で食べたハタハタの鍋料理には卵が入っていたのに、鳥取産の干物は脂がのっていたけど卵がなかった」という経験はありませんか。これは同じハタハタでも秋田と鳥取では別の集団を異なる時期に漁獲しているからです。そのため、食べ方や加工方法などにちがいが出てきます。

ハタハタには3つの大きな集団があります。1つの集団は、12月、秋田県沿岸で産卵し、能登半島以北を回遊します。主に青森県、秋田県、山形県の沿岸域で冬季の産卵・接岸時に定置網や刺網で漁獲します。産卵期以外では青森県～新潟県の沿岸で底びき網でとります。しょっつる鍋、塩焼き、煮つけなどの料理にするほか、干物などにも加工します。900～2600粒の卵からなる卵塊は「ブリコ」と呼ばれ、しょうゆ漬けなどで食べます。

2つめは朝鮮半島東岸を産卵場とする集団で、能登半島以西に広く分布します。3～5月と9月を中心に底びき網でとられ、鳥取県、兵庫県、石川県で漁獲が多いです。12月の産卵期に漁獲しないので、卵はありませんが、脂がのっているのが特徴です。鳥取県では煮つけ、刺身、から揚げなどにも料理しますが、多くは干物に加工されます。

3つめの集団は、北海道東部から南部に分布します。産卵期の11～12月のほか6～10月を中心に刺網、定置網、底びき網などでとります。ほかの集団と同じようにさまざまな料理に利用しています。

参考資料：
日高敏隆著(1983)「動物の体色」東京大学出版会
奥谷喬司編著(2000)「日本近海産貝類図鑑」東海大学出版会
奥谷喬司著(2003)「軟体動物二十面相」東海大学出版会
大場秀章・望月賢二・坂本一男・佐々木猛智・武田正倫著(2003)「東大講座 すしネタの自然史」NHK出版
Shirai, S. M., R. Kuranaga, H. Sugiyama and M. Higuchi. (2006)「Population structure of the sailfin sandfish, Arctoscopus japonicus (Trichodontidae), in the Sea of Japan.」Ichthyol. Res., 53: 357-368
白井 滋・後藤友明・廣瀬太郎著(2007)「2004年2-3月に得られた岩手沖のハタハタは日本海から来遊した」魚類学雑誌, 54 : 47-58
「平成24年度ハタハタ日本海北部系群の資源評価」水産庁
「平成24年度ハタハタ日本海西部系群の資源評価」水産庁
(写真：おさかな普及センター資料館)

マダカアワビ 　　メガイアワビ

坂本一男（さかもと　かずお）

1951年、山口県生まれ。おさかな普及センター資料館館長。北海道大学大学院水産学研究科博士課程単位修了。水産学博士。東京大学総合研究博物館研究事業協力者も務める。主な著書・共著に『旬の魚図鑑』（主婦の友社）、『日本の魚―系図が明かす進化の謎』（中央公論新社）、監修に『調べよう　日本の水産業（全五巻）』（岩崎書店）、『すし手帳』（東京書籍）などがある。

□取材協力　秋田県漁業協同組合北浦総括支所
　　　　　　大船渡魚市場株式会社
　　　　　　大船渡市農林水産部
　　　　　　有限会社　大船渡総合運輸
　　　　　　大慶漁業株式会社
　　　　　　田老町漁業協同組合
　　　　　　東和水産株式会社
　　　　　　新沼　博
　　　　　　宮城県漁業協同組合

□写真協力　浅野　修
　　　　　　大間漁業協同組合
　　　　　　おさかな普及センター資料館
　　　　　　田老町漁業協同組合
　　　　　　北海道水産業改良普及職員協議会
　　　　　　湊　喜市

□イラスト　ネム

□デザイン　イシクラ事務所（石倉昌樹・大橋龍生・山田真由美）

漁業国日本を知ろう　東北の漁業

2014年8月25日　第1刷発行

監修／坂本一男
文・写真／吉田忠正

発行者　高橋信幸
発行所　株式会社ほるぷ出版
〒101-0061　東京都千代田区三崎町 3-8-5
電話　03-3556-3991
http://www.holp-pub.co.jp

印刷　共同印刷株式会社
製本　株式会社ハッコー製本

NDC660　210×270ミリ　48P
ISBN978-4-593-58698-1　Printed in Japan

落丁・乱丁本は、購入書店名を明記の上、小社営業部までお送りください。
送料小社負担にて、お取り替えいたします。

漁業国🗾日本を知ろう
全9巻
監修／坂本一男

北海道の漁業
文・写真／渡辺一夫

東北の漁業
文・写真／吉田忠正

関東の漁業
文・写真／吉田忠正

中部の漁業
文・写真／渡辺一夫

近畿の漁業
文・写真／渡辺一夫

中国の漁業
文・写真／吉田忠正

四国の漁業
文・写真／渡辺一夫

九州の漁業
文・写真／吉田忠正

資料編
文・写真／吉田忠正・渡辺一夫